大知识小概念系列绘本

24组
关于测量的
重要概念

一光年有多长？

一本书帮小朋友轻松搞懂计量单位！

[美]海蒂·菲德勒——著　[英]布伦丹·卡尼——绘　毛蒙莎——译

中信出版集团 | 北京

图书在版编目（CIP）数据

一光年有多长？ /（美）海蒂·菲德勒著；（英）布
伦丹·卡尼绘；毛蒙莎译. -- 北京：中信出版社，
2020.1（2020.5重印）
（大知识小概念系列绘本）
书名原文：The Know-Nonsense Guide to
Measurements
ISBN 978-7-5217-0826-4

Ⅰ.①一… Ⅱ.①海… ②布… ③毛… Ⅲ.①计量单
位 - 儿童读物 Ⅳ.①TB91-49

中国版本图书馆CIP数据核字(2019)第149374号

一光年有多长？
（大知识小概念系列绘本）

著　者：[美]海蒂·菲德勒
绘　者：[英]布伦丹·卡尼
译　者：毛蒙莎
出版发行：中信出版集团股份有限公司
　　　　　（北京市朝阳区惠新东街甲4号富盛大厦2座　邮编 100029）
承 印 者：深圳当纳利印刷有限公司

开　本：889mm×1194mm　1/12　　印　张：5⅓　　字　数：60千字
版　次：2020年1月第1版　　　　　印　次：2020年5月第2次印刷
京权图字：01-2019-4749　　　　　广告经营许可证：京朝工商广字第 8087 号
书　号：ISBN 978-7-5217-0826-4
定　价：35.00元

出　品　中信儿童书店
图书策划　如果童书
策划编辑　陈倩颖 李想
责任编辑　陈晓丹
营销编辑　张远 杨晴 王颖
封面设计　韩莹莹
内文排版　北京沐雨轩文化传媒

目 录

写在前面的话 5

长度 6

    英寸和厘米   8

    英尺、米和码   10

    英里和千米   12

    天文单位   14

    光年和秒差距   16

体积和质量 18

    液体计量   20

    与厨房有关的计量   22

    磅   24

    克   26

    摩尔   28

    比特和字节   30

时间 32

    秒、分和小时   34

    天、周和月   36

    两周   38

    年轮   40

    历史的时间跨度   42

强度 44

    里氏震级   46

    分贝   48

    斯科维尔指标   50

    藤田级数   52

    摄氏温标、华氏温标和热力学温标   54

    风寒指数   56

    坎德拉   58

    伏特   60

一起来回顾吧！ 62

写在前面的话

在生活中，我们常常需要了解一个物体到底有多长、多重，一个瓶子到底能装下多少东西；我们也想知道一段时间到底是多久，一个声音到底有多响，甚至一只辣椒到底有多辣！你肯定也想知道：世界上每个国家的人都用同样的单位来测量同一种东西吗？如果测量从地球到太阳的距离应该用什么单位？在你进入小学，接触各种各样的计量单位之前，可以先从这本书里找找答案，这里还有很多关于物理、化学、天文、地理等学科的既有趣又有用的知识！

比如：

- 国际单位制（SI）是世界上大多数人使用的计量制度，其中包括米、升和克等单位。
- 在国际单位制中，人们经常会在基本单位[①]前加上milli-（千分之一）、centi-（百分之一）和kilo-（千）这样的前缀（这些前缀在国际单位制中称为词头），形成新的单位。不管你使用的基本单位是什么，加上前缀milli-后形成的新单位都表示原基本单位的1/1000，加上前缀centi-后形成的新单位都表示原基本单位的1/100，加上前缀kilo-后形成的新单位都表示原基本单位的1000倍。
- 美国人使用的是一套不同的计量单位系统，其中包括英寸、加仑和磅等单位。
- 中国使用过一套独特的计量制度，叫"市制"。虽然现在市制已经逐渐被淘汰，但是在日常生活中，人们还是会用到其中的一些单位，例如：长度单位里、尺和寸，质量单位斤和两。

是不是很有趣？当你了解了世界各国的人们是怎样测量东西的，知道了不同的物体有不同的测量标准时，这些小概念就变成了知识宝库的钥匙——兴趣是最好的老师，更加广阔的科学世界在等着你探索。

[①]在国际单位制中，有7个单位被规定为基本单位，它们分别是：长度单位米、质量单位千克、时间单位秒、电流单位安培、热力学温度单位开尔文、物质的量的单位摩尔、发光强度单位坎德拉。——译者注

长度

　　一个物体有多长？为了回答这个问题，你要根据自己正在测量的物体的大小，选择恰当的工具和单位。

在测量长度或距离时，卷尺、直尺和里程表都是可以使用的工具。如果你测量的是宇宙尘埃这种微小颗粒的大小，那就应该选择毫米这个单位；如果你测量的是超长的、星系之间的距离，最好选择天文单位（AU）这个虽不常见却很管用的单位。这就是测量大物体（或长距离）和小物体（或短距离）时的区别！

英寸和厘米

用来测量较小物体的长度单位

世界上大多数人使用的是国际单位制。在测量较短的长度时，人们会选择**厘米**（centimeter）这个单位。1厘米等于1/100米，大概相当于你一根手指的宽度。**英寸**（inch）是美国人几乎每天都会用到的长度单位。当你把两根手指并拢时，它们的总宽度差不多就是1英寸。严格地说，1英寸等于2.54厘米。在中国，人们在测量较小物体的长度时，除了厘米，还会用到"寸"这个单位。1寸等于1/30米，只比3厘米长了一点点。如果你想知道一个只有几厘米或几英寸长的物体具体有多长，不管它是一根香蕉，还是一只香蕉蛞蝓，最好的方法是拿尺子量一量。

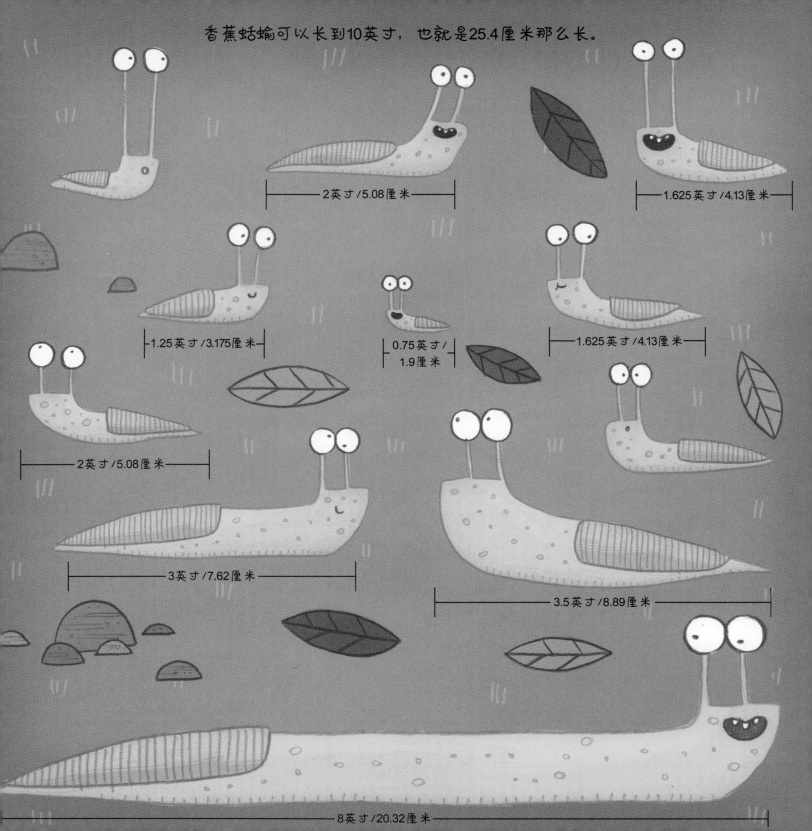

香蕉蛞蝓可以长到10英寸，也就是25.4厘米那么长。

2英寸/5.08厘米

1.625英寸/4.13厘米

1.25英寸/3.175厘米

0.75英寸/1.9厘米

1.625英寸/4.13厘米

2英寸/5.08厘米

3英寸/7.62厘米

3.5英寸/8.89厘米

8英寸/20.32厘米

英尺、米和码

用来测量中等距离的长度单位

    每个人的身高都是不同的。长度单位可以用来记录人们的身高。在国际单位制中，**米**（meter）是长度的基本单位，其他的长度单位都以米为基础。

    美国人使用的是一套不同的系统，人们用来测量中短距离的单位有英寸、**英尺**（foot）和**码**（yard）。1英尺等于12英寸，1码等于3英尺。如果你生活在美国，那么知道"1英寸=2.54厘米，1英尺=30.48厘米"会很有帮助。在中国，人们经常会用到"尺"这个长度单位。3尺等于1米，1尺（也就是10寸）大约是33.33厘米，只比1英尺长了不到3厘米。

    历史学家认为，英尺被当作长度单位使用，正是受到人的脚的启发（因为英尺和脚的英文都是foot）——不过，到底是赛马骑师的小脚，还是篮球运动员的巨足，可就没人说得清楚了！

1米

1码

1英尺

*图例已按比例缩小，并非实际长度

英里和千米

用来测量较长距离的长度单位

    如果你问美国人中国长城有多长，有人会告诉你是5500英里，也有人会说是14 000英里。答案之所以会五花八门，其中一个原因是：人们对"该不该把已经损毁的部分算进去"持有不同的观点。**1英里**（mile）是5280英尺，也就是1.61千米。在中国，人们提及长城则说"万里长城"，这里使用了"里"这个长度单位。现在，虽然"里"的概念与过去不同，但人们仍使用这一单位。1里等于500米，2里（1公里）正好是1000米。

    前面已经说过，人们会在基本单位（包括米）前加上前缀milli-（千分之一）、centi-（百分之一）和kilo-（千）构成新单位。不管使用的基本单位是什么，这些新单位分别表示原基本单位的1/1000、1/100和1000倍。所以，**1千米**（kilometer）就是1米的1000倍，也就是1000米。在一个基本单位前加上前缀yotta-（尧，表示10^{24}），可以使它变成原来的10^{24}倍，而在一个基本单位前加上前缀yocto-（幺，表示10^{-24}），可以使它变成原来的10^{24}分之一。（目前，人们还不清楚大熊猫们认为长城有多长。）

天文单位

用来测量太空中的距离的长度单位，一般缩写为AU

虽然地球不是宇宙的中心，但我们仍然可以用人类特有的视角观察宇宙。在描述星际距离时，我们使用一个叫"天文单位"的测量单位。一个**天文单位**（astronomical unit），指的是从太阳到地球的距离，大概是1.5亿千米。

我们与太阳之间的平均距离大约是1.0个天文单位。不过，由于地球绕着太阳公转的轨道并不是一个正圆，所以有时我们与太阳之间的距离会比1.0个天文单位更远一些。水星距离太阳有0.4个天文单位那么远。海王星与太阳之间的距离是30.1个天文单位。宇宙飞船在太空中飞行的最远的距离，已经超过130个天文单位了！

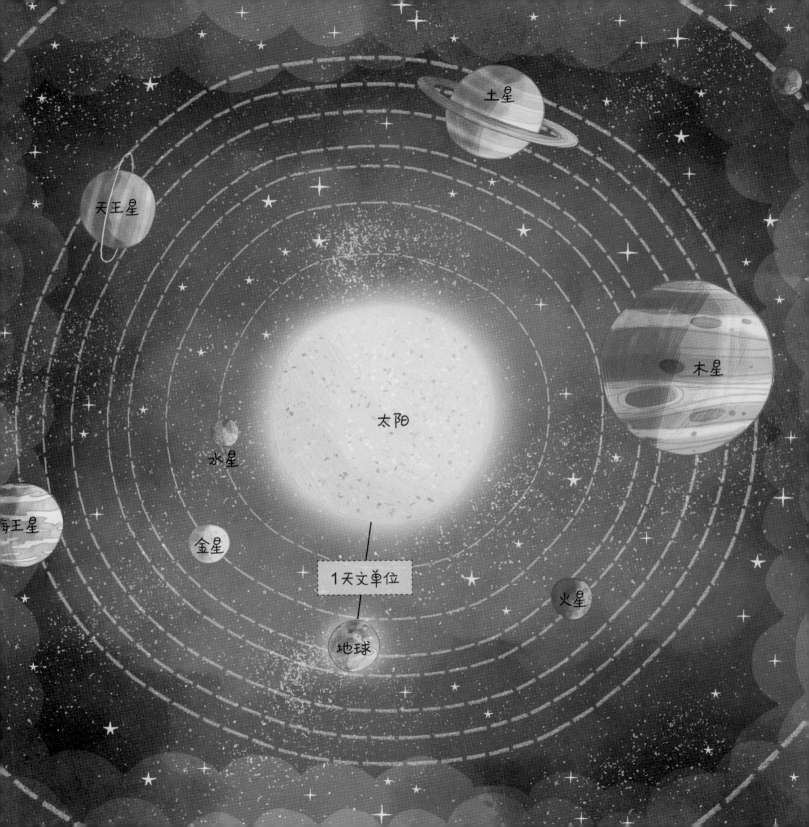

光年和秒差距

用来测量行星、恒星和星系之间极长距离的长度单位

我们用**光年**（light-year）来测量行星与恒星之间的惊人距离。一光年等于光在真空中一年内走过的距离，大约是9.46×10^{12}千米！

一**秒差距**（parsec）比一光年还要远。它约等于3.26光年，常用来测定恒星之间或星系之间的距离。科学家认为，宇宙的宽度大约为150亿～300亿秒差距——如此看来，外星人要想乘着太空飞船来地球，恐怕还不大容易哩！

比邻星是除太阳外离我们最近的恒星，它与地球之间的距离超过4.2光年。

体积和质量

　　一个物体里含有多少物质，它又占据了多大的空间？为了回答这个问题，你可以选择各种各样的工具，从勺子到秤都行。但是，如果不了解相关知识，你一不小心就会混淆体积、质量和重量三个概念。

很多人将它们混为一谈，好像它们是同一个概念。而事实上，**体积**测量的是固体、液体或气体占据的空间的大小，**质量**测量的是物体中含有的物质的量，**重量**测量的是作用于物体之上的引力的大小。是不是有点儿晕头转向？别担心，我们马上解释给你听！

液体计量

用来测量容器大小的体积单位

升（liter）是人们用来测量液体体积的单位。1升等于1000毫升。美国人使用的是**加仑**（gallon）、**夸脱**（quart）、**品脱**（pint）和**液盎司**（liquid ounce）这几个液体计量单位。加仑不仅可以用来表示装牛奶的容器的大小，还可以用来表示各种固体、液体和气体占据的空间的大小。1加仑等于4夸脱。1夸脱等于2品脱（约等于1升）。1品脱等于16液盎司（这差不多是一大玻璃瓶牛奶的体积）。全都弄明白了吗？如果还不明白，你也完全不用担心：只要是牛奶，管它量多量少都一样好喝！

1加仑　　　　1夸脱　　　　1品脱

与厨房有关的计量

烹饪时用来测量较小的量的体积单位

当你在厨房里大显身手时，往锅里少撒点儿这个，再多加点儿那个，一道美味佳肴就诞生了！但是，为了不做出难吃得让人想哭的菜，你就得记住一**茶匙**（teaspoon，缩写为tsp）和一**汤匙**（tablespoon，缩写为tbsp）之间的差别。它们的英文缩写看起来也许很像，但实际上，茶匙跟你吃饭时用的勺子差不多大，而汤匙的大小是它的三倍。还有一个单位叫**撮**（pinch）：正像它听上去的那样，一撮是你用拇指和食指一次能够捏起来的量。

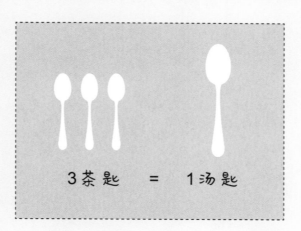

3 茶 匙　=　1 汤 匙

磅

用来测量作用于物体之上的引力大小的重量单位

在你使用秤的时候，"重量"这个概念就变得容易理解了。一个重的东西，它的重量会超过较轻的东西。但是这时我们测量的到底是什么呢？**磅**[1]（pound-force）测量的是作用于物体之上的引力的大小。当你在地球上给某个物体称重时，你测量的是地球对这个物体的引力。由于引力的大小跟称重所在的行星的大小有关，所以如果你在不同的行星上给同一个物体称重，它的重量是不同的。也就是说，如果一头大象在地球上的重量是6000磅，在木星这样的大行星上，它的重量还会更大 —— 准确地说，是15 162磅。真的好沉啊！

[1]在美国，磅（pound）既是质量单位，也是重量单位，因此有质量磅（pound-mass, lb）和重量磅（pound-force, lbf）之分，这里讲的是做重量单位的"磅"。——译者注

克

用来测量物体中含有多少物质的质量单位

———————————————◆———————————————

　　跟测量重量相似，物体的质量也用秤来测量，但在这两种情况下，测量所表示的含义是不同的。质量不会随着地点的改变而变化，它跟你测量的物体的大小也没有关系。你可以在木星或月球上测量某个物体的质量，然后回到地球上再测一次，最后得出的数字永远都是相同的。在测量质量时，美国人经常使用的单位是**克**（gram）。在中国，人们还使用"斤"和"公斤"两个单位。1公斤（也就是1千克）等于2斤，1斤等于500克。当你去菜市场买菜时，还需要知道1斤等于10两。

　　接下来还有一个新知识，你准备好了吗？你无法根据一个物体的大小，来判断它的质量是大还是小。你可以同时拥有两只大小一样但质量不同的球，比如一只保龄球和一只足球。你能猜到哪只球的质量更大吗？一般说来，你感觉哪个球更重，哪个球的质量也就更大。

摩尔

用来测量大量原子、分子或其他粒子的数量的单位，简称摩

在化学领域，**摩尔**（mole）是一个数字，而不是小动物鼹鼠，而且始终都是同一个数字：6.022×10^{23}。那可是602 200 000 000 000 000 000 000！

不管你在数什么，只要是一打，那就是12个。类似地，不管你正在测量的是什么，只要是一摩尔，那它的数量就是6.022×10^{23}。它可以是6.022×10^{23}个甜甜圈，6.022×10^{23}个微生物，或者6.022×10^{23}个随便什么你能数的东西。不过，当提到摩尔时，你数的一般都是原子、分子或其他微小粒子。还是对一摩尔是多少没有概念？这么说吧，当你喝水时，你吞下的每一口水中大约就有一摩尔的水分子。是一大口哟！

1升水中大约有55摩尔水分子 —— 和几百万个微生物！

比特和字节

用来测量信息量的单位

哔哔。嘀嘀。嘀。尽管信息是看不见、摸不着的，但是它也可以测量。**比特**（bit）是我们用来测量数字信息的最小单位。它拥有一个二进制值——要么是1，要么是0，就好比数字世界里的"是"或"否"。二进制把信息简化到了极致，使计算机只需要在两种可能的结果之间做出选择。**字节**（Byte）是八个比特能存储的信息量。我们用1个字节代表1个字母或者1个数字。例如：小写字母a可以用01100001来表示；一篇500个单词的英文文章大约包含3000字节的信息量（因为单词一般由多个字母构成）。但是请记住，这些单位并不反映文章的好坏。你完全有可能发现，自己面前是几吉字节的废话！

> 8比特〈bit〉=1字节〈Byte〉
>
> 1024字节=1千字节〈KiloByte, KB〉
>
> 1024千字节=1兆字节〈MegaByte, MB〉
>
> 1024兆字节=1吉字节〈GigaByte, GB〉
>
> 1024吉字节=1太字节〈TeraByte, TB〉

时间

做一件事情需要花费多少时间？我们可以用时钟、秒表、日历，甚至年轮，计量已经过去了多长时间。你要根据自己正在计量的时间的长短，选择恰当的单位。还是不太明白？学习时间到啦！

秒、分和小时

用来计量较短时间的单位

1分钟有**60秒**（second），1小时有**60分钟**（minute），1天有**24小时**（hour）。虽然1分钟、1小时、1天听起来要比60秒、60分钟、24小时短很多，但它们代表的时间长度其实是完全一样的。如果你正眼巴巴地等待着零点的钟声，你会觉得时间过得好慢；而如果此时你正和朋友一起在派对上狂欢，你会觉得几小时的时间一眨眼就过去了。假如你迫不及待地要在舞池里卖弄自己酷炫的舞步，你甚至会觉得时间就像停住不动了似的。但是请尽管放心！嘀嗒，嘀嗒……只要你盯着时钟看，就会发现它从来都不曾停止。

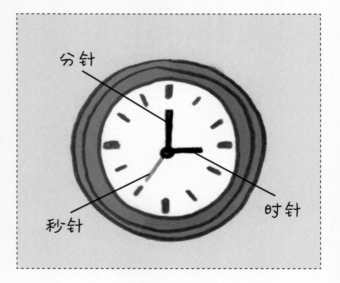

天、周和月

用来计量较长时间的单位

日出，日落……每一天，地球都会绕着太阳转一圈。这个过程需要24小时，也就是一**天**（day）时间。**一周**（week）有7天，一个**月**（month）大约有4周。月球绕着地球转一圈是1个月，也就是大约30天时间。不过，假如你想为一个重要的日子倒计时，你完全不必在脑海里描画出整个太阳系，只需一本日历就足够了。你可以用红笔在日历上一天天地做标记——不这么干也没关系，但是会少了几分仪式感！

一个月						
星期一	星期二	星期三	星期四	星期五	星期六	星期日
		1	2	3	4	
5	6	7	8 一周	9	10	11
12 一天	13	14	15	16	17	18
19	20	21	22	23	24	25
26	27	28	29	30	31	

两周

用来表示14天的时间单位

———————————— ◆ ————————————

举世瞩目的温布尔登网球锦标赛持续的时间是**两周**（fortnight）。两周（fortnight）这个单词源自古英语词fourtenight或fourtene night，意思是"14个晚上"。欧洲人比美国人更喜欢用这个词。但是，当一周太短而一个月又太长的时候，就连美国人也开始使用两周这个超级独特的时间单位了。先赢一局，再赢一盘，最后赢下整场比赛——赢就赢在"精准"这一点上！

星期一	星期二	星期三	星期四	星期五	星期六	星期日
			1	2	3	4
5	6	7	8	9	10	11
12	13	14	15	16	17	18
19	20	21	22	23	24	25
26	27	28	29	30	31	

两 周

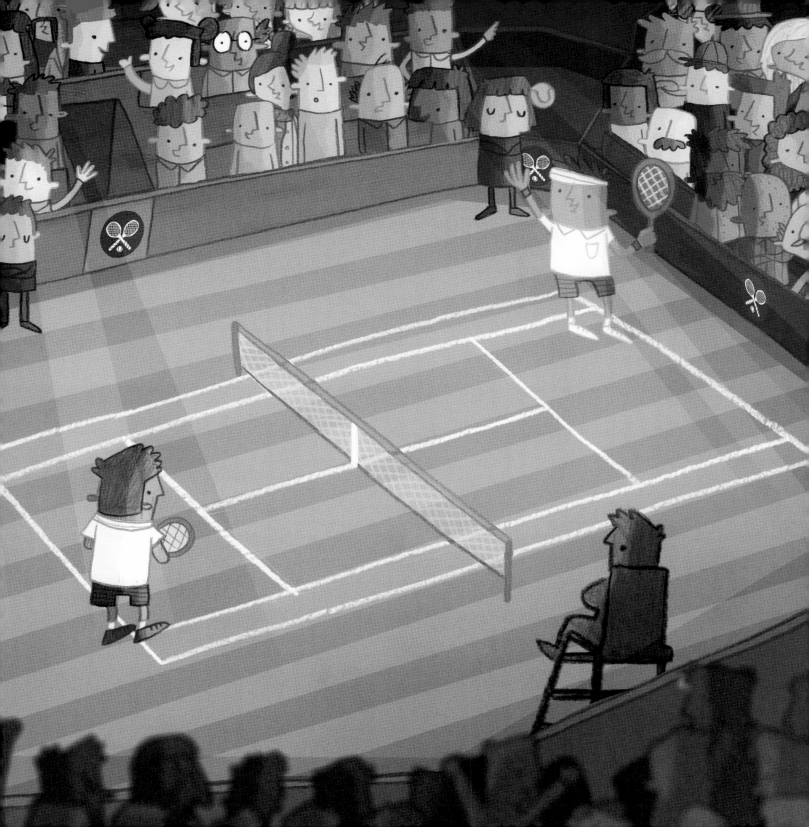

年轮

用一棵树在一年当中的生长量来计量时间的单位

———————◆◆◆———————

　　不管是娇嫩的小树还是参天的大树，当它长高时，每年都会在树木内长出一圈新细胞。春天，树木生长迅速，长出的木质部颜色较浅。夏天到来之后，在颜色较浅的那层外面，会出现像圆环一样颜色较深的一层。当树木被砍倒时，人们只要数一数这些圆环的数量，就能知道这棵树的年龄：一个圆环代表一年。这些圆环就是树木的**年轮**（tree ring）。通过观察年轮，我们还可以知道树木生长时的气候：当气候较为干旱时，年轮比较窄；当雨水和阳光非常充足时，年轮比较宽，而且比较均匀，就像是树木发出的一声声悠悠的叹息。

28年

7年

历史的时间跨度

用来计量漫长时间的单位

人类已经在地球上生存了成千上万年。从一开始，我们就在观察时间的流逝——先是以日出、日落为标志，然后有了日历、原子钟，甚至把想象力延伸到了遥远的未来。

一年（year）是365天，一个**世纪**（century）是100年，一个**千年**（millennium）是1000年。但是，当你开始测量那些超过人类自身历史长度的时间时，最好以**宙**（eon）为单位。这个地质学上的单位，测量的是地球、太阳系，甚至整个宇宙空间在数十亿年间的变化。多么宏大、多么漫长的历史啊！

几百万年前

几千年前

几百年前

今天

强度

一场地震、一个声音或一阵龙卷风的强度有多大？为了回答这个问题，你要根据自己正在测量的是什么，选择恰当的工具和单位。

每场地震释放的**能量**，每个声音的**强度**，或每只辣椒**带给人的感受**，都是非常不同的，它有时微弱得几乎让你察觉不到，有时又强烈得让你汗毛直竖。地震仪、温度计、电压表，甚至你的舌头，都可以告诉你某件事的影响或某个东西的威力有多大。而且，测量的结果可能会让你很震惊！

里氏震级

用来测定地震强度的体系

　　我们的地球看起来似乎既坚固又稳定，可有时它也会摇晃和颤动。当充满能量的地震波冲击地壳时，地面就会晃动，海洋中就会发生海啸。我们用**里氏震级**（Richter scale）来表示在地震中有多少能量释放出来。每一天，地球上都会发生几千次轻微得无法察觉的地震。我们能感觉到的最轻微的地震，是里氏2.5级的地震。里氏4.0级左右的地震可能会导致轻微的破坏，比如挂在墙上的画会掉到地上，房间里的小摆设会摔坏。里氏8.0级的地震，你无论如何都不可能感觉不到。这种强度的地震，会引起人们的关注，它的后果更是毁灭性的。到目前为止，还没有发生过强度超过里氏9.0级的地震。真是谢天谢地！

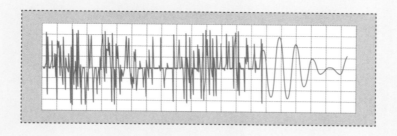

分贝

用来测定声音强度的单位

嘘！小点儿声！**分贝**（decibel）是我们用来测定声音强度的单位。0分贝是人类听力的极限，低于这个强度的声音，我们就听不到了。当你对着别人的耳朵说悄悄话时，你的声音大约只有30分贝。大多数人说话时的音量是60分贝。电锯发出的声音可达到100分贝。摇滚音乐会的音量可能会达到120分贝。但是，在音量相同的情况下，并不是所有的声音都一样讨人喜欢。同样是95分贝的强度，你在听到音高较高的声音时，比如火车开动时发出的刺耳响声，会赶紧捂住耳朵；而在听到音高较低的声音时，比如鼓声，却会忍不住想要跳起舞来。大家一起跳起来！

不同等级的声音（单位：分贝）	
风钻	119
凿岩机	114
链锯	110
喷漆机	105
手钻	98
会损害人的听力的临界点	85
正常聊天	60
低声耳语	30

斯科维尔指标

用来测定食物辣度的体系

　　假如你足够勇敢，只靠自己的舌头，就可以测定墨西哥哈拉贝纽辣椒的斯科维尔辣度等级。人们用**斯科维尔指标**（Scoville Scale）测定各种食物的相对辣度。你可以用**斯科维尔辣度单位**（Scoville Heat Unit，缩写是SHU）表示任何一种食物有多辣，不管它是塔巴斯科辣椒酱（2500～5000 SHU），还是哈瓦那辣椒（100 000～350 000 SHU）。这种方法测量的是你需要喝多少水才能不再感觉到辣味。也就是说，如果你吃了一杯有5000斯科维尔辣度单位的辣椒酱，那么你大约得喝下5000杯水，才能不再感觉到它的辣味。准备好让你的舌头接受挑战了吗？你最好全副武装。不管是谁，要想挑战16 000 000斯科维尔辣度单位的辣椒酱，都必须戴着手套和护目镜才行。这简直太吓人了！

斯科维尔辣度表（单位：SHU）

甜椒：0～100

是拉差香甜辣椒酱：2200

塔巴斯科辣椒酱：2500～5000

哈拉贝纽辣椒：2500～8000

奇波雷辣椒：5000～10 000

哈瓦那辣椒：100 000～350 000

魔鬼辣椒：855 000～1 041 429

藤田级数

用来测定龙卷风强度的体系

当龙卷风来袭时，你肯定想躲得远远的，这样一来，测量龙卷风的风速就变得有些难办了。**藤田级数**（F-scale）采用了一种间接的方法，通过观察龙卷风造成的破坏，来给它划定强度等级。虽然这只是一种估算，却相对比较准确。F0级的龙卷风只会造成轻微的破坏。它的风速大约是每小时70英里（约112千米），可能会折断一些树枝。F1级的龙卷风，风速大约是每小时100英里（约160千米），能把小汽车从马路上吹走。F2级和F3级的龙卷风能把小汽车和火车从地面上提起来。只有1%的龙卷风会达到F4级或更高。F5级的龙卷风，风速超过每小时260英里（约418千米），能把卡车甚至房屋卷到一百多米远的地方！

藤田级数	破坏程度
F0	轻度
F1	中度
F2	较严重
F3	严重
F4	毁灭性
F5	极度

摄氏温标、华氏温标和热力学温标

用来测量温度的单位

不管在哪里，如果你想测量气温或某个东西的冷热程度，你都有三种不同的方法可以选择，它们对应的单位分别是：**摄氏度**（℃）、**华氏度**（℉）和**开尔文**（K）。这三个单位，都是用发明这种测量方法的科学家的名字命名的。在摄氏温标体系中，一个标准大气压下，水的凝固点是0摄氏度，沸点是100摄氏度，中间平均分成100份，每份是1摄氏度。在华氏温标体系中，一个标准大气压下，水的凝固点是32华氏度，沸点是212华氏度，中间平均分成180份，每份是1华氏度。热力学温标以绝对零度为起点。绝对零度，是原子和分子几乎完全处于静止状态时的温度。当粒子开始加速运动，温度就会上升。

世界上大多数人使用的是摄氏温标。美国人使用的是华氏温标。科学家使用的是热力学温标。那鸟儿呢？它们在冬天会飞往南方——因为那里更温暖！

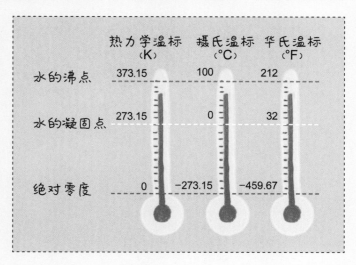

	热力学温标 （K）	摄氏温标 （℃）	华氏温标 （℉）
水的沸点	373.15	100	212
水的凝固点	273.15	0	32
绝对零度	0	−273.15	−459.67

南极
−26℃/−15℉

38℃/100℉
赤道地区

如果你想在华氏温标和摄氏温标之间转换，请使用下面这个公式：

$$T_{华氏度}(℉) = T_{摄氏度}(℃) \times \frac{9}{5} + 32$$

风寒指数

用来测量刮风时人们对外界温度感受的单位

有时，虽然气温并没有低到能把雨滴冻成雪花的程度，但你仍然会觉得好冷。风会带走我们皮肤表面的热量，所以我们对冷的感受会比实际来得更强烈。风越大，我们皮肤的温度下降得就越快——这就是风寒效应。科学家一致认为，当**风寒指数**（windchill）低于-27℃时，你最好待在室内，才不会冻伤皮肤。南极的一个气象站曾经监测到接近-101℃的风寒指数。难怪风寒指数是由南极探险家们发明的！

风寒指数表（单位：℃）

风速 （单位: 千米/小时）	当室外温度 是0℃时	当室外温度 是-15℃时	当室外温度 是-30℃时
10	-3	-21	-39
20	-5	-24	-43
30	-7	-26	-46
40	-7	-27	-48
50	-8	-29	-49
60	-9	-30	-50

冻伤所需时间

30分钟	10分钟	5分钟

坎德拉

用来测定光的强度的单位

如果你顽强地活到一百岁，生日那天你会发现，摆在你面前那只蛋糕上插的蜡烛，烛光可真够刺眼的！100根蜡烛能产生强度为100坎德拉的光，可以照亮你整张脸。不过，还不至于人人都能看清你脸上的每一道皱纹。

一根蜡烛可以产生强度约为**1坎德拉**（candela）的光。人们为什么要用蜡烛（candle）命名这个单位呢？一部分原因是，蜡烛的发明比手电筒早得多。而且，与手电筒不同，蜡烛不是把光汇聚到一起，而是发散到各个方向。如果你想准确地计算光的强度，那可就复杂多了，因为你要做大量复杂的运算。不过，你只要记住最重要的一点就够了：坎德拉测量的，是光在光源处的发光强度。赶紧对着烛光许个愿吧！

100坎德拉

1坎德拉

伏特

用来测定推动电流的力的强度的单位

电是一种能量，它可以逐渐增强，还能从一个地方移动到另一个地方——甚至进入你的身体！电可以像水一样流动。这股电流背后的力，可以用**伏特**（volt）来衡量。如果其他条件不变，当电压升高时，电流就会增大，产生的能量也就更大。在美国，墙面上的插座提供的是120伏特的电压。而在中国，则是220伏特。不过，大自然才更令人震惊：电鳗能释放出600伏特的电压，让猎物丧失活动能力；从云层劈向地面的闪电，电压能够高达10亿伏特！

电流从1.5伏特的电池中流出，流经开关，把灯泡点亮。

一起来回顾吧!

从秒差距到品脱，你已经什么都测量过了。通过下面这些表格，你可以进一步学习更详细的知识。学完之后，你就知道自己现在有多厉害了!

单位换算表

在这张表格中，你可以查到美制和国际单位制之间的对应关系。

	单位	美制	国际单位制
长度 (Length)	英寸inch (in)	12英寸=1英尺	1英寸=2.54厘米=0.0254米
	英尺foot (ft)	3英尺=1码	1英尺=0.3048米
	米meter (m)	1米=3.28084英尺	1米=100厘米
	码yard (yd)	1760码=1英里	1码=0.9144米
	英里mile(mi)	1英里=5280英尺	1英里=1.60934千米
体积 (Volume)	液盎司fluid ounce (fl oz)	8液盎司=1杯	1.5液盎司=45毫升
	杯cup(c)	2杯=1品脱	1杯=237毫升
	品脱pint (pt)	2品脱=1夸脱	1品脱=473毫升
	升liter (L)	1升=1.05669夸脱	1升=1000毫升
	夸脱quart (qt)	4夸脱=1加仑	1夸脱=946毫升
	加仑gallon (gal)	1加仑=16杯	1加仑=3.78541升
	茶匙teaspoon (tsp)	3茶匙=1汤匙	1茶匙=4.92892毫升
	汤匙tablespoon (tbsp)	16汤匙=1杯	2汤匙=1液盎司
重量和质量 (Weight & Mass)	磅pound-force (lbf)	—	1磅=4.448222牛
	克gram (g)	1克=0.03527盎司	1克=1000毫克

时间表

在这张表格中，你可以查到时间单位之间的对应关系。

60秒	=1分
60分	=1小时
24小时	=1天
7天	=1周
4周	=1个月
12个月	=1年
10年	=1个十年（decade）
100年	=1个世纪（century）
10个世纪	=1个千年（millennium）

SI词头表

在这张表格中，你可以查到常用的国际单位制（SI）词头。把它们和基本单位放在一起，你就能更简明地表示很小或很大的数字。

乘以	词头名称及符号	科学记数法
1 000 000 000 000	太[拉]tera-（T）	10^{12}
1 000 000 000	吉[咖]giga-（G）	10^{9}
1 000 000	兆mega-（M）	10^{6}
1 000	千kilo-（k）	10^{3}
0.001	毫milli-（m）	10^{-3}
0.000 001	微micro-（μ）	10^{-6}
0.000 000 001	纳[诺]nano-（n）	10^{-9}
0.000 000 000 001	皮[可]pico-（p）	10^{-12}